哇哦！中国古代科技了不起

建筑与工程

白　欣　主编
李英杰　著
牛猫小分队　绘

大连理工大学出版社

主编简介：白欣

白欣，首都师范大学初等教育学院教授，博士生导师，主要从事科技史与科学教育、博物馆教育与综合实践活动研究。入选青年燕京学者。主持国家自然科学基金三项，发表学术论文和科普文章 200 多篇。主编或出版科普图书 40 多本。

作者简介：李英杰

李英杰，清华大学科学技术哲学博士，大连理工大学副教授，硕士生导师。中国科学技术史学会科技史综合委员会副秘书长。

绘者简介：牛猫小分队

牛猫，本名苏岚岚，本科毕业于中国美术学院，硕士毕业于法国比利牛斯高等艺术学院。"谢耳朵漫画"联合创始人，是童书作者也是绘者。擅长设计，喜欢画画，喜欢编段子，喜欢不断突破自己去创新。开创了用四格漫画组成"小剧场"来传播科学知识的形式，代表作品有《有本事来吃我呀》和《动物大爆炸》等。

牛猫小分队的另一位核心成员叫赏鉴，是本书的漫画主笔，他画的漫画在全网有 5 000 万以上的阅读量。

写在前面的话

亲爱的小读者们，

当你们翻开这套"哇哦！中国古代科技了不起"的那一刻，就像推开了一扇通往古老智慧宝库的大门。在这里，我们将一同踏上一段奇妙旅程，穿越时空隧道，探寻那些曾经照亮人类文明进程的科技之光。

在历史的长河中，中国古代科学技术以其独特的魅力和深远的影响，成为人类文明的重要组成部分。造纸术、印刷术、火药、指南针，这些耳熟能详的伟大发明不仅推动了中国科技的发展，也对世界文明产生了不可估量的影响。

我们精心挑选了五大领域的经典科技成就，通过科学漫画的形式，将复杂深奥的科学原理转化为生动有趣的故事情节，让你们能轻松愉快地走进古代科技的世界。从圭表测量日影的精准，到漏刻计时的巧妙；从被中香炉的神奇，到纺织工具的精妙；从都江堰的壮丽，到弓形拱桥的跨越；从倒灌壶的奇妙，到印刷术的革新……每一个章节都充满了惊喜和发现，等待着你们去探索和体验。

写在前面的话

　　中国古代科学技术的许多成果，如农业技术、水利工程等，都是通过实践得出的。书中特别设计了动手实验环节，配置了丰富的材料包，大家通过亲自动手操作，不仅可以再现伟大的发明，还能培养动手能力，提升解决实际问题的能力。中国古代科学技术往往涉及多个学科，如数学、物理、化学等，这种跨学科的特点也为大家提供了一个综合性的学习平台，可以培养综合思维能力。中国古代科学技术的发展过程，体现了严谨的科学态度和科学方法。阅读书中的内容，可以树立正确的科学观，潜移默化地培养批判性思维和逻辑推理能力。

　　我们希望通过这套书，激发你们对科学的兴趣，培养你们的科学思维，让你们在享受阅读乐趣的同时，感受到中国古代科技的独特魅力和深远影响。

　　同时，我们也希望这套书能够成为你们了解祖国悠久历史和灿烂文化的窗口，更加深刻地感受到中华民族的伟大。我们相信，在未来的日子里，你们一定会成为能够担当起民族复兴重任的时代新人，以智慧为舵，勇气为帆，乘风破浪，开创更加美好的未来。

　　让我们携手共进，一起探索中国古代科技的奥秘吧！愿你们在未来的道路上，不断前行、不断超越，成为那个最了不起的自己！

　　祝愿你们阅读愉快！

白 欣

2024 年 9 月 30 日

扫码观看
时光通识课

欢迎小朋友和我一起阅读呀！

我的形状很像鱼嘴，所以我叫鱼嘴。

目 录

传说，上古神兽白泽，通晓世间万物，所到之处，所言之事，都能引起惊叹，孩童们不约而同地喊出"哇哦"。

"哇哦"之音逐渐在白泽身边凝集，幻化成一只灵动可爱的小神兽，唤作"哇哦"！

1 天府之源 —— 都江堰

都江堰是中国古代的一项大型水利工程，现位于四川省都江堰市城区以西的岷江上游。

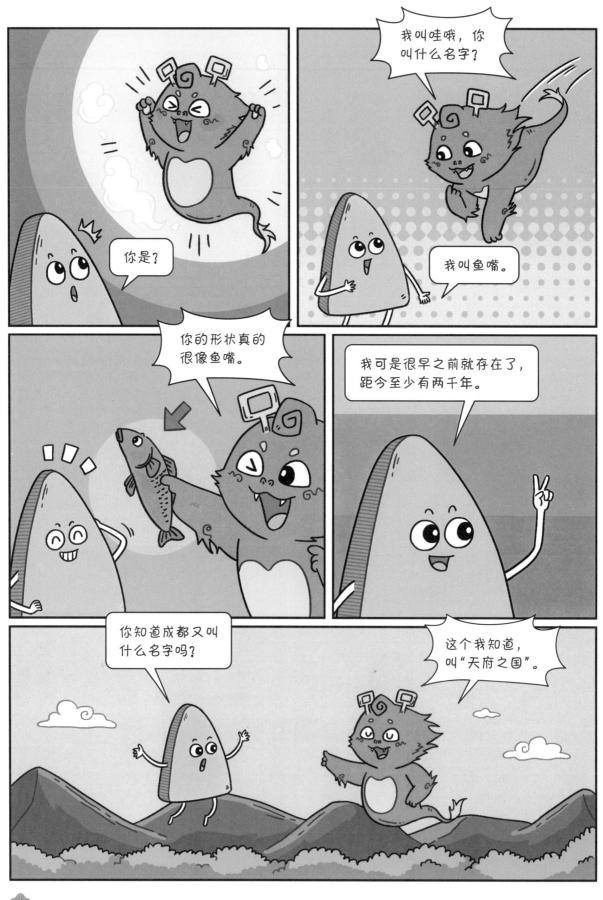

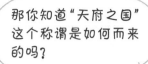

那你知道"天府之国"这个称谓是如何而来的吗？

难道不是古已有之？快来跟我详细说说吧！

有"千水之省"称谓的四川省，古时为巴、蜀古国，公元前316年，巴、蜀被秦所灭，成为秦国的一个郡——蜀郡。

秦国

巴国

蜀国

李白在《蜀道难》中写道"蜀道难，难于上青天"，是不是指的就是通往蜀地的道路？

是的，诗句里描写的就是通往成都平原的古道恶劣的地理条件。

都江堰之前有好几个名字，像湔堋、湔堰、金堤，还有都安大堰，但从宋朝开始大家都叫它都江堰。

它坐落在四川盆地，岷江一路从岷山流下来，山高水急。

到了灌县后，由于这里一马平川，岷江一泻千里，往往冲决堤岸，泛滥成灾。

这个李冰到底是谁呢？

关于他的出生年月和出生地，史书上并没有太多记载。

传说他是战国时期一个了不起的水利工程专家。他不仅精通治水技巧，还对天文、地理有深刻的研究。

在公元前 256 年到前 251 年，他担任了蜀郡太守的职务，相传他和他的儿子李二郎一起负责修建了都江堰。

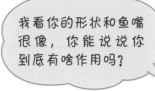

我看你的形状和鱼嘴很像，你能说说你到底有啥作用吗？

我可是都江堰里的第一道屏障，我的主要工作就是分水。岷江经过我这里会被分成两条，一条是内江，专门用来灌溉农田；另一条是外江，主要负责排洪和冲走沙土。

第一道屏障：鱼嘴

外江

内江

鱼嘴就像一个巨大的鱼头，正面迎着岷江上游。所以大家都称它为分水鱼嘴或都江鱼嘴。

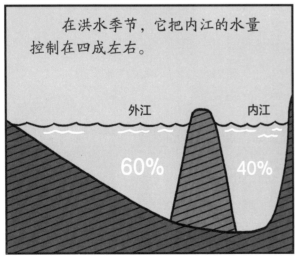

在洪水季节，它把内江的水量控制在四成左右。

外江　内江

60%　40%

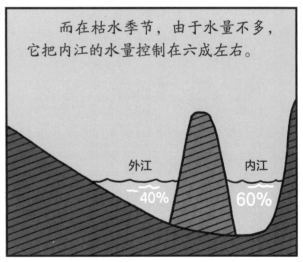

而在枯水季节，由于水量不多，它把内江的水量控制在六成左右。

外江　内江

40%　60%

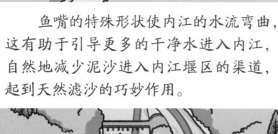

鱼嘴的特殊形状使内江的水流弯曲，这有助于引导更多的干净水进入内江，自然地减少泥沙进入内江堰区的渠道，起到天然滤沙的巧妙作用。

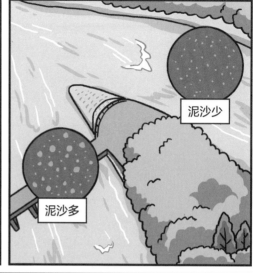

泥沙少

泥沙多

你是第一道屏障，那第二道屏障是什么呢？

第二道屏障叫作飞沙堰。

第二道屏障：飞沙堰

飞沙堰位于内江右岸的弯道处，比内江河床高2米，可将多余的水排出，起到泄洪排沙的作用。

外江　飞沙堰　内江

内江的水流进入水道后，直至玉垒关。由于山脉的地势阻挡，江水的流向发生了改变。为了防止江水突然决口冲垮河岸，修建了飞沙堰。这个飞沙堰在面对百年一遇的洪水时，能够排出内江流量的 75% 以上，这样可以减轻洪水带来的影响。

这第二道屏障也很巧妙啊！那还有第三道屏障吗？

有的，都江堰的第三道屏障就是宝瓶口了。

现在，我要先考你一个小问题哦，两千多年前还没有发明火药，古代人如果要开山该怎么办呢？

这可真有些难度哇，难道要学愚公一样移山？

太行山

王屋山

砰！

砰！

那都江堰不知道要修到猴年马月了。你知道热胀冷缩的原理吗?

听说过,但还没学到,你先来教我一下呗。

热胀冷缩是指物体受热时会膨胀,遇冷时会收缩的特性。

热胀

冷缩

固体、气体和液体都能够热胀冷缩。李冰正是利用了固体热胀冷缩的原理。

啪!

我想起来了,冬天有些冷的玻璃杯如果突然倒入热水就会炸裂,是不是这个原理呢?

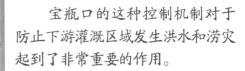

当内江的洪水峰值达到一定程度后,宝瓶口的水流量基本不再增加。但是,如果出现特别大的洪水情况,飞沙堰会自行溃决,增加泄洪的能力,使宝瓶口前的水位迅速下降。

宝瓶口的这种控制机制对于防止下游灌溉区域发生洪水和涝灾起到了非常重要的作用。

那这三道屏障就组成了都江堰吗?

这三道屏障组成了都江堰的渠首枢纽,其实整个工程分渠首枢纽和灌溉航运系统两大部分。此外还有金刚堤、人字堤及其他附属建筑。

都江堰的具体位置和建筑规模在后来的维修续建中曾经有过变化,但它的基本规划在李冰时代已经形成了。

鱼嘴

金刚堤

飞沙堰

人字堤

玉垒关

宝瓶口

李冰真是太厉害了！他没有改变河流的自然形态，而是顺应自然规律，建造都江堰。

那之后的成都平原怎么样了呢？

《华阳国志》是这样记载都江堰工程的："水旱从人，不知饥馑，时无荒年，谓之天府"。

"天府之国"的美誉就来自这里啦。成都平原因此成了"鱼米之乡"。

都江堰修好后，成都平原变得非常富饶。岷江上游的竹木等山货，可以顺流而下送到平原；而引来的渠水也让农田一片绿意盎然。更神奇的是，这个堰还能在旱季帮忙灌溉，雨季则排水防洪，可谓"水旱从人"，真是个了不起的工程！

原来"天府之国"是这么来的啊。都江堰真是造福一方百姓啊！

他注意到河水并不是一直笔直向前流的，实际上存在着特殊的水内环流。他正是利用这水内环流建造了渠首枢纽的三道屏障。

泄洪排沙

弯道环流

这样就很巧妙地解决了泥沙问题。

古往今来的水利工程都有一个最头疼的问题，那就是怎么处理泥沙淤积。现代化大型水利工程为了解决这个问题，不得不使用大量人力与物力，修造排沙设施。都江堰却是个例外，它十分巧妙地利用河道水流自然滤沙、排沙。

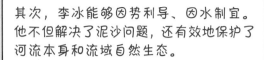

其次，李冰能够因势利导、因水制宜。他不但解决了泥沙问题，还有效地保护了河流本身和流域自然生态。

哇哦，这真是一举多得。

这样就避免了地貌变化及变化诱发地震等许多灾难性后果。这项工程在造福人类的同时保护了生态环境。

二王庙内有李冰留下的治水箴言："深淘滩，低作堰。"这句话的意思就是，每年都要深挖内江的凤栖窝底部，要不然下一年就没有足够的水流进入宝瓶口，无法满足农田的浇灌需求。

河床深度不够

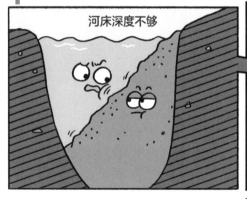

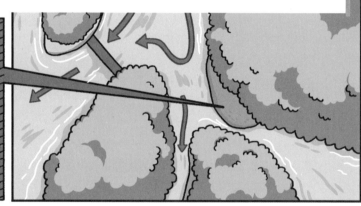

此外，为了确保洪水排放和泥沙清理效果，飞沙堰的高度不宜建得太高，否则可能对农田造成水患。

飞沙堰太高

不仅如此，都江堰还体现了深刻的中国哲学思想。

什么哲学思想呢？

都江堰水利工程对待处理洪水和泥沙两大难题，都立足于"疏"。思路十分先进，所以根本不需要修造宏伟的建筑，就已经应了"大道无形"，即道法自然的古话。

疏

居然还有这么深奥的思想在里面，都江堰可真是了不起的工程啊！

都江堰创造了多项古代无坝水利工程史上的世界之最：历时最久、灌区面积最大、综合效益最高、生态环境保护最优，因而荣膺世界文化遗产、世界灌溉工程遗产等多项桂冠。

动手实验 都江堰鱼嘴分流模型

 参观了都江堰，我好想把原理再复现一下啊。

 我来帮你想办法。

实验材料 ｜ 量杯、水、一次性塑料餐盒、剪刀、502 胶水、超轻黏土。

实 验 步 骤

第1步  用一次性塑料餐盒裁剪后形成的塑料板按图进行粘贴，在底部用超轻黏土模拟河床底部，制作出鱼嘴分流模型。

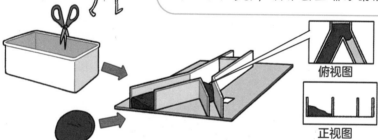

俯视图

正视图

第2步 打开一点儿闸口，你来倒水，看看枯水期时的水流情况。

枯水期

闸口开口小

外　内

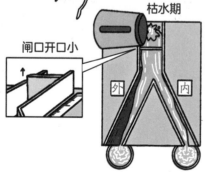

40% 外江

60% 内江

第 3 步

把闸口打开得更大一些，你倒水的时候再猛烈一点儿，看看洪水期的情况是怎样的。

好的。

我终于理解了你是如何分水的了。

洪水期

闸口开口大

外 内

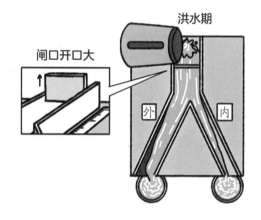

60% 外江

40% 内江

原理揭秘

　　都江堰实现分水的原理是通过建造一道特殊的结构，即鱼嘴，使得来自主要水源的水流在这里由于约束和限制而被分流，进而分别流入两段不同的渠道，达到自然分流的目的。

2 尽错综之美，穷技巧之变 —— 斗拱

在故宫太和殿前，家长带着小朋友们正在参观游览。

好雄伟的宫殿！

好大的屋顶啊！

这屋角是翘起来的，好像鸟儿的翅膀尖儿一样，要振翅高飞呢！

这屋角是怎么飞起来的呢？

砰！

靠的是屋檐下面的我啊！

哇哦！

哇哦！

砰！

我叫哇哦！你叫什么名字？

我叫斗拱！

斗拱在宋代《营造法式》中被称为"铺作"，在清代《工程做法则例》中被称为"斗科"，在民国时期之后才被称作"斗拱"。

营造法式

工程做法则例

"斗拱"二字该怎么写呢？

斗，长得像古人量粮使用的工具"斗"，比如"米斗"等，起上下承接的作用。

拱，从柱顶上一层层地探出，像弯弯的弓，是弓形的短木，坐于斗之上，具有伸展挑出等作用。

是钩心斗角中的"斗"吗？

你知道的成语真不少啊！是的，钩心斗角原本就是形容我们"斗拱"的成语。

"钩心斗角"语出唐·杜牧《阿房宫赋》："各抱地势，钩心斗角。" "钩"指斗拱构件之间的相互牵引和钩连，"心"指"斗拱"结构方法中的"计心造"和"偷心造"，而"斗角"则是形容斗拱结构相向如兵戈相斗。后来才用来比喻用尽心机，明争暗斗。

到底该如何搭建呢？

来，我教你！

啪！

在柱顶上安装一个斗形木块，也就是斗。

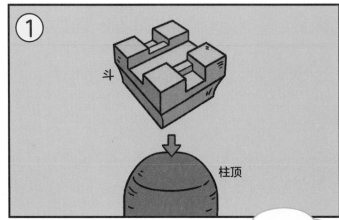

① 斗

柱顶

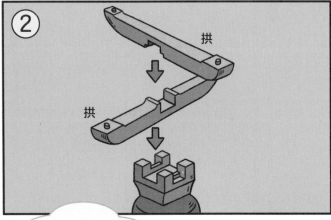

② 拱

拱

再装上屈臂形的短木，也就是拱。

斗、拱重叠，这样逐层纵横叠加，形成上大下小的托座。

③

看，这样就搭好了！

你可真是一个搭积木的行家呀！

24

只有这两种积木块，你就可以搭得这么好看，可太厉害了！

组成我的积木块可不只有这两种！

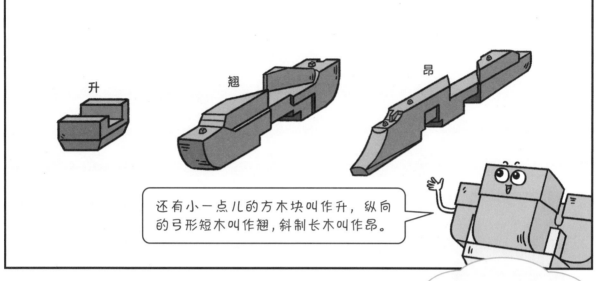

升　翘　昂

还有小一点儿的方木块叫作升，纵向的弓形短木叫作翘，斜制长木叫作昂。

原来需要这么多复杂的积木块呀！

可以将它们纵横交错，层层叠叠地搭建起来，一层一层向外挑出，形成上大下小的托座，拼成各式各样的斗拱。

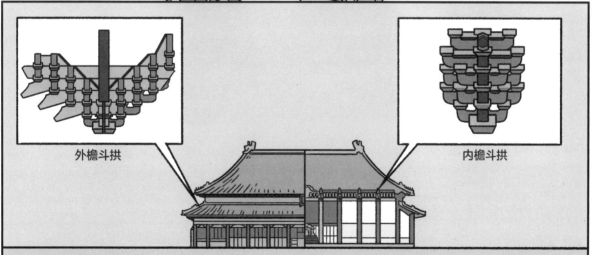

外檐斗拱　　　　内檐斗拱

　　斗拱种类很多，以清式斗拱为例，按其所在建筑物位置，可分为外檐斗拱和内檐斗拱。外檐斗拱位于建筑物外檐部位，包括平身科、柱头科、角科、溜金、平座等类型斗拱；内檐斗拱位于建筑物内檐部位，包括品字科、隔架等类型斗拱。斗拱内、外侧一般都要向外挑出，称为"出踩"。

你的想象力真丰富！

嘿嘿！

建筑学家林徽因说：如果没有斗拱的"尽错综之美，穷技巧之变"，就没有中国建筑的飞檐翘角，就没有中国建筑的飞动之美，就没有中国建筑"所谓增一分则太长，减一分则太短"的玄妙。

林徽因

建筑学家梁思成说："斗拱是了解中国古代建筑的钥匙。"

中国建筑史

梁思成

斗拱

我的功能可不仅仅是装饰。你想象一下，大型房屋又粗又长的大梁，如果直接安放在木柱上，就很容易折断。

咔！

在木柱和大梁之间用了斗拱，就能稳稳地把梁托住，使梁的重量不单独压在柱子顶端，梁就不易折断了。建筑物就更结实了！

大梁

木柱

大梁

震！

！

震！

是不是地震了？

不用担心，我的各个构件之间相互摩擦、挤压，并产生往复运动，犹如一个运动体系，这样能够提高建筑物的抗震性能。

好比"以柔克刚"？

对，你的成语用得很棒！如果是水平地震波的话，我就会像不倒翁一样。

地震停下来了！

古人真是太富有智慧了！你不但提高了建筑物的"颜值"，还能使建筑物更牢固，能够抗震，可真厉害！

我的功能可不止如此呢！我还可以防水。

汉代以前的建筑大多是土墙，地基浅，木构架也怕水泡。我们的祖先十分聪明，他们就想：怎么能防止雨水浇到墙面上呢？你也来想想看！

快来跟我详细说说。

哗——

是啊，怎么能不让墙面淋雨呢？给墙面打一把伞？或者给墙面穿上雨衣？

哇哦，你很爱动脑筋啊，你想的方法都很好！

我们的祖先就想到：用斗拱把屋顶抬高，并用斗拱出踩的方式加大屋顶的上出，就可以增强其防雨功能了。

这就是给房子打了一把大大的雨伞！不仅仅是墙面，还可以使柱子和门窗也防雨水侵蚀。

是啊。其实你说的穿雨衣的方式也是很有创意的。波斯人的房子以土坯为主要建筑材料，他们给墙面附以贝壳、玻璃、马赛克这些防水材料解决防水问题。

看来中西方由于盖房子的材料不同，解决防水问题的方式也不同呢！

玻璃

贝壳

马赛克

你说得很对呀，这就是因地制宜，将功能与材料完美结合。

你是来自故宫太和殿的斗拱，那你是明清时期才被创造出来的？

不，我们可是有着悠久的历史，从河姆渡遗址发现的榫卯木构来看，7000多年前就已经出现了以木结构为骨干，利用立柱承托横向杆件的建筑技术。

斗拱与榫卯的区别：尽管介绍古建筑时，经常会用到这两个词语，但是二者的含义不同。榫卯是木材构件的接合构造方式，而斗拱是大木结构的一部分。换言之，斗拱的部分构件采用了榫卯的连接方式，是榫卯结构的最佳表现方式。

那个时候你们就诞生了？

这是我们的起源，而我们的诞生源自木构建筑抵御自然灾害的需要。

青铜礼器

虽然最初产生于什么年代无从考证，但是在3000多年前，我们就出现在了商周时期的青铜礼器上。

所以你也是起装饰作用的吗？

是的，但不仅如此。到清代，我们基本只用于宫殿、庙宇等建筑，显示皇家与神佛的威严。尤其我这太和殿斗拱，是明清时期斗拱的最高形制。

最高 形制

果然有了你，这太和殿看起来更加庄严和雄伟。

如果你去各地旅行，就可以观察到各个地方不同时期的斗拱了。

比如山西五台山的佛光寺、天津市蓟州区独乐寺的山门和观音阁，它们都是屹立了千年的建筑。

山西五台山的佛光寺大殿，是在857年（唐朝）重建的，距今已有1 100多年了，它就是采用斗拱托住梁架的办法建造的，直到现在还保存得很好。

佛光寺大殿

山西五台县的南禅寺大殿重建于782年。

南禅寺大殿

还有天津市蓟州区独乐寺的山门和观音阁，是984年重建的。观音阁采用了10多种不同的斗拱，现在的工程师看后都感到非常惊奇和钦佩。

观音阁

我出去旅行的时候，一定要看看这些神奇的建筑。

动手实验 搭建斗拱

搭建斗拱还需要锯木头，好怕手会受伤啊，有没有简单的操作办法？

可以啊，我们可以用超轻黏土捏出斗和拱的形状试试看。

实验材料 | 超轻黏土。

实 验 步 骤

第1步

用超轻黏土捏出一个斗的形状。

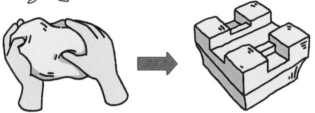

第2步

用超轻黏土捏出两个拱的形状。

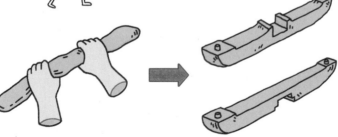

第 3 步

等超轻黏土风干，拼接上即可。

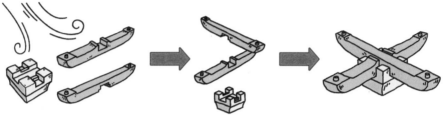

虽然没有木质结构看上去牢固，但是
这个结构的原理我大概了解了。

原理揭秘

　　斗拱通过将两个拱形结构交叉在一起，形成一种独特的双向
支撑系统，能够有效地分散和传递建筑物的重力。

3 力与美的结合——弓形拱桥

河北赵县洨河上，游客们正在游览赵州桥。

对于看了许多当代钢筋混凝土大桥的小朋友来说，赵州桥似乎有些"普通"。

这座桥貌似不长。

它好像是用石头砌成的。

看起来似乎平平无奇。

我可是世界上最早、跨度最大、现存最古老的弓形拱桥！

哇哦！

砰！

哇哦！

关于"拱"的起源，现在已查说不清。"自然天生桥"是拱起源的一个说法。拱在垂直作用下会产生推力，是人们在实践中得出的宝贵经验，中国和外国都很早认识到这一点，但是其中演变的过程是不一样的。

看来拱桥有很多学问。

是的，拱桥有很多种分类方式。其中，根据拱券（xuàn）的圆弧，可分为半圆、全圆、弧圆、椭圆等。

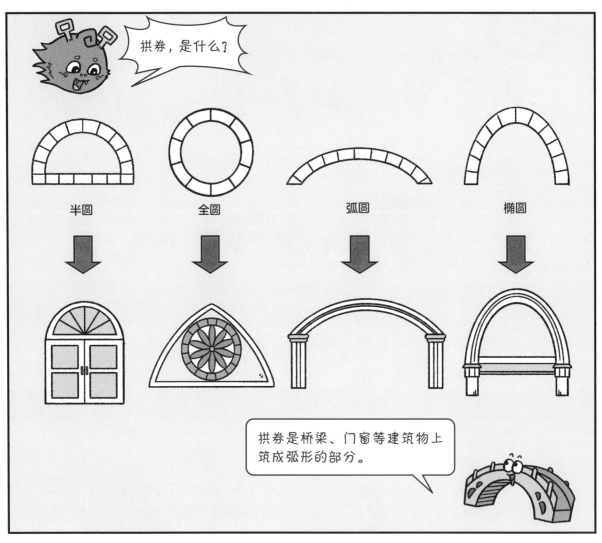

拱券，是什么？

半圆　　全圆　　弧圆　　椭圆

拱券是桥梁、门窗等建筑物上筑成弧形的部分。

你看看我的拱券是什么形状的？

我看像一张弓一样！

哇哦，你的想象力真是无穷无尽，令人佩服！

是的，我是一座弓形拱桥，拱券是小于半圆的一段圆弧。

早期的石拱桥多以半圆形拱居多，是中国匠师最先认识到拱并不一定是半圆形的，突破了传统的观念。

半圆形拱桥　半圆形拱桥　弓形拱桥　椭圆形拱桥

弓形拱桥比半圆形拱桥花费材料少而强度大。不仅如此，弓形拱桥运用了拱上加拱的"敞肩拱"，是世界桥梁史上的首创。

那弓形拱桥比半圆形拱桥好在哪里呢？

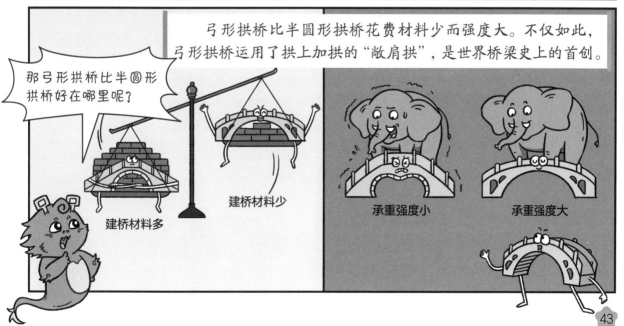

建桥材料多　建桥材料少

承重强度小　承重强度大

中国古代石桥的拱形多为半圆形，这种形式虽然比较优美、完整，但是有两个缺陷：

一是交通不便，半圆形拱用于跨度比较小的桥梁比较合适，而大跨度的桥梁选用半圆形拱，就会使拱顶增高，造成桥高坡陡，车马、行人过桥非常不便。

二是施工不利，半圆形拱砌石时用的脚手架很高，增加了施工的危险性。

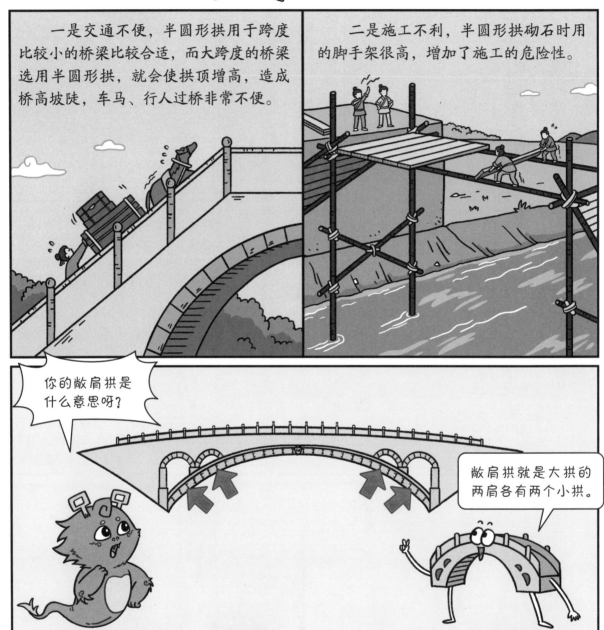

你的敞肩拱是什么意思呀？

敞肩拱就是大拱的两肩各有两个小拱。

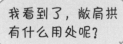

我看到了，敞肩拱有什么用处呢？

这样的设计可以减轻桥的总重量。

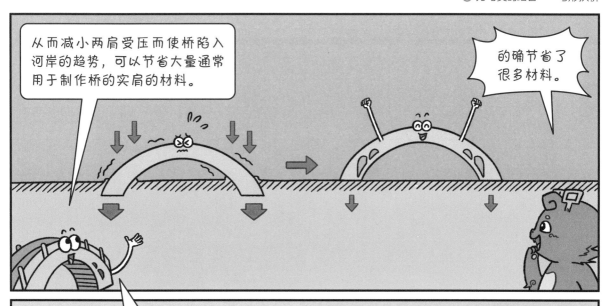

从而减小两肩受压而使桥陷入河岸的趋势，可以节省大量通常用于制作桥的实肩的材料。

的确节省了很多材料。

不仅如此，洪水来临时可以迅速穿流而过，在突然暴发洪水时减少主体桥梁从桥墩上被冲走的可能。

有一种说法提到，四个完整的小拱可以"平息咆哮河水的怒吼"。

这个说法真是太形象啦。那你是如何被建造出来的呢？

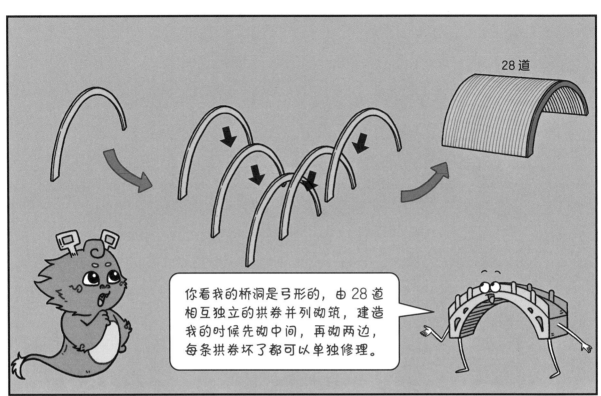

28道

你看我的桥洞是弓形的，由28道相互独立的拱券并列砌筑，建造我的时候先砌中间，再砌两边，每条拱券坏了都可以单独修理。

赵州桥桥面坦直，共分三股，中间走车马，两旁走行人。选用的石料砌法技艺与众不同。

那的确是很结实并且容易修理。

对，因水患、火灾，我先后经历了8次修缮，历经了14次地震仍安然无恙，这不是偶然的。

唐代张嘉贞在《石桥铭序》中就是这样描述我的："制造奇特，人不知其所以为。"

怪不得你可以历经这么长时间而不倒。

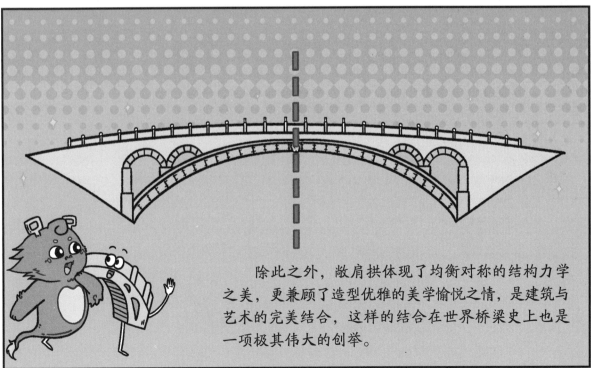

　　除此之外，敞肩拱体现了均衡对称的结构力学之美，更兼顾了造型优雅的美学愉悦之情，是建筑与艺术的完美结合，这样的结合在世界桥梁史上也是一项极其伟大的创举。

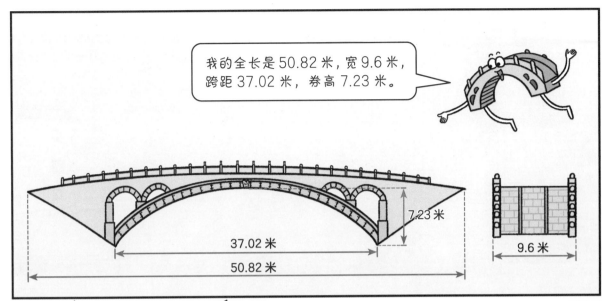

我的全长是 50.82 米，宽 9.6 米，跨距 37.02 米，券高 7.23 米。

怪不得小朋友刚才没有看到你的独特之处，这在今天看来的确不是很长的桥。

我的长度当然不能跟今天的钢筋混凝土大桥相比，要考虑建造我的年代和使用的材料啊。

那时候，我可体现了遥遥领先的技艺。不仅桥长比一般欧洲的拱桥要长。而且这敞肩拱的设计比欧洲早了 1100 多年。

意大利奥斯塔附近现存的一个最大的完整的罗马拱桥（蓬圣马丁桥）的跨距约31.4米，一般完整的罗马拱桥跨距仅为18米到24米，而罗马沟渠的完整的拱桥平均跨距只有6米。

你刚刚提到了欧洲，那弓形拱的原理是什么时候传到欧洲的呢？

大约是在马可·波罗时代传到了欧洲，在西方第一次被应用是在公元13世纪末期。

例如保存下来的跨越法国罗讷河的圣埃斯普特桥。

以及在英国东英吉利的贝里圣埃德蒙兹的小阿波特桥。

原来如此，你在国际上也是这么领先。

那可不！

我可是世界公认的"国际土木工程历史古迹"，1991年在桥头立碑作为永久的纪念。

国际土木工程历史古迹
赵州桥

在古人还没有系统力学知识的情况下，我的建造就非常符合现代力学的原理呢！

工程力学家钱令希院士就曾用"有限元分析法"研究过赵州桥，还在中外学术期刊上发表过相关的论文。

钱令希

有限元分析法

受压大▶

受压小▶

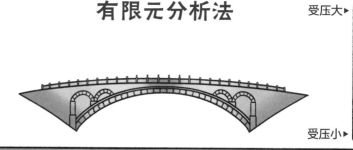

你真的很了不起，在1400多年里，经历风风雨雨，古朴美观，屹立不倒，的确是造桥史上的奇迹。

不过我还不是中国最大的弓形拱桥。

那中国最大的弓形拱桥是哪座桥呢？

是坐落在北京市郊永定河上的卢沟桥。

它的桥长是 265 米，宽约 8 米，由连续的 11 个拱组成，拱彼此相连跨越永定河，每个拱平均跨距 18.9 米，建成于 1192 年。

卢沟桥
265 米

50.82 米
赵州桥

这的确很大！

　　卢沟桥也叫马可·波罗桥，人们这样称呼它，是因为马可·波罗曾对它进行了详细的描述，称赞它是"世界最佳桥"。

马可·波罗

No.1

看来弓形拱桥在外国人眼里的确备受赞誉。

是的，他还对桥上的雕刻很感兴趣。

有机会你可以去看看桥栏杆上的大理石石狮子，布局巧，数量多，妙趣横生，还有精心雕刻的栏饰。

听你这么一说，我都有些迫不及待地想去领略它的风采了。

哇哦，你一定要去看看，数数卢沟桥到底有多少个石狮子，看看"卢沟晓月"的美景，感受祖国的大好河山。

好的！

我也想在弓形拱桥上走一走呢。

没问题，我来帮你做一个迷你版的。

扫码观看科学实验
手工指导课

实验材料 材料包中的弓形拱桥模切木板1。

实 验 步 骤

第1步

将材料包里面的木板零件一个一个取下来，备用。

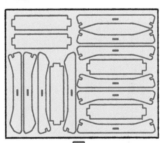

第2步

依据榫卯结构搭建拱桥。

1

2

3

4

5

这样搭建的拱桥感觉很安全。

原 理 揭 秘

弓形拱桥是一种独特的拱桥类型，其弧形结构可以使荷载得到均匀分散，从而提高桥梁的稳定性。

这里是上海的中国航海博物馆。

在展出世界航海文物的展厅中，小朋友们正在参观。

这个大大的圆盘是干什么用的呢？

上面密密麻麻的字我都有点儿看不太懂。

我不仅历史悠久，这上面的文字也都大有来头，还对堪舆（风水）、航海事业做出了重要的贡献！

惊！

哇哦！哇哦！

哇哦！哇哦！

我是罗盘，又叫罗经仪，是用于方向定位及风水探测的工具。主要由盘中央的磁针和有方位刻度的圆盘构成。

你为什么能够指引方向呢？

这可要慢慢道来。你知道在没有指南针的年代，人们是怎么辨识方向的吗？

这个我知道，可以靠观测天象来辨识方向。

可是你知道吗？如果在茫茫的大海上，遇到阴雨天，怎么辨别方向呢？

既看不到太阳，也看不到月亮和星星，那可真是"两眼一抹黑"了。

所以人们一开始就知道我们需要方向的指引,包括生产、生活和军事行动。中国最早的指向仪器是以车辆形式出现的指南车。

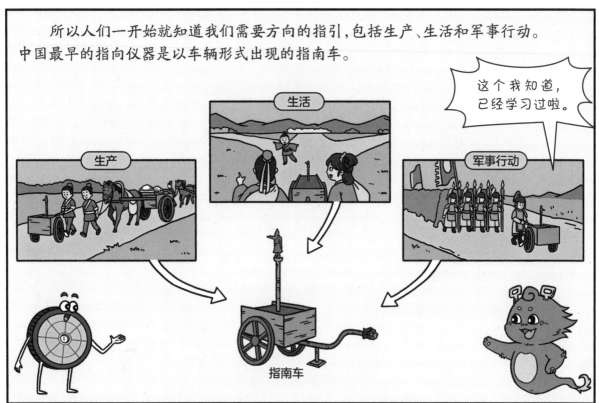

这个我知道,已经学习过啦。

生活

生产

军事行动

指南车

那你一定知道指南针与指南车的原理是不一样的。

而我的出现与指南针是息息相关的。

快来给我具体讲讲指南针吧。

你可以先观察一下生活中常见的指南针。它是由一个磁针加一个刻度盘组成的。

磁针

刻度盘

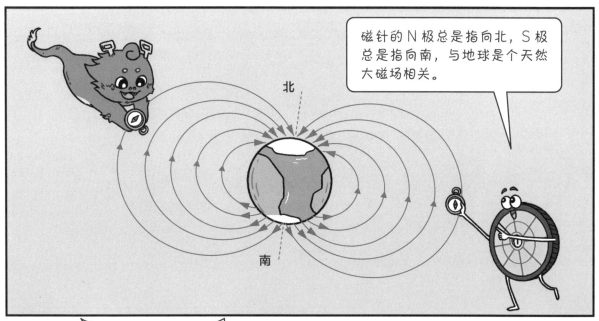

磁针的 N 极总是指向北，S 极总是指向南，与地球是个天然大磁场相关。

北

南

这个我见过，但是古人是如何发现这一原理的呢？

古代的指南针与现代不同。大约在公元前 4 世纪，中国就有了使用天然磁石的记载。

天然磁石

战国时期就开始使用一种叫作"司南"的占卜罗盘。

司南？它长什么样子呢？

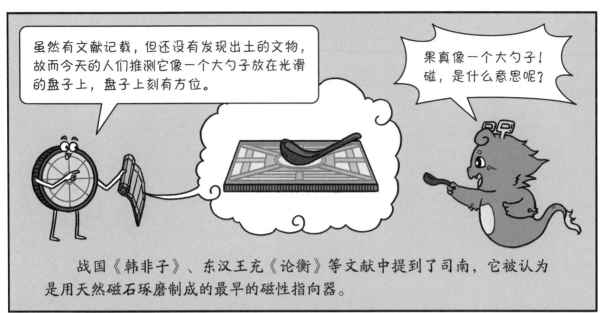

虽然有文献记载，但还没有发现出土的文物，故而今天的人们推测它像一个大勺子放在光滑的盘子上，盘子上刻有方位。

果真像一个大勺子！磁，是什么意思呢？

战国《韩非子》、东汉王充《论衡》等文献中提到了司南，它被认为是用天然磁石琢磨制成的最早的磁性指向器。

磁，是指物质具有的能吸引铁、镍等金属的特性。我们祖先发现的天然磁石就具有能够吸铁的性质。

啪！

天然磁石

有一种说法认为，因为磁石吸铁就像一位慈祥的母亲拉住自己的孩子一样，所以给这种石头起名"慈石"，后来才慢慢变成了"磁石"。

就叫它"慈石"吧。

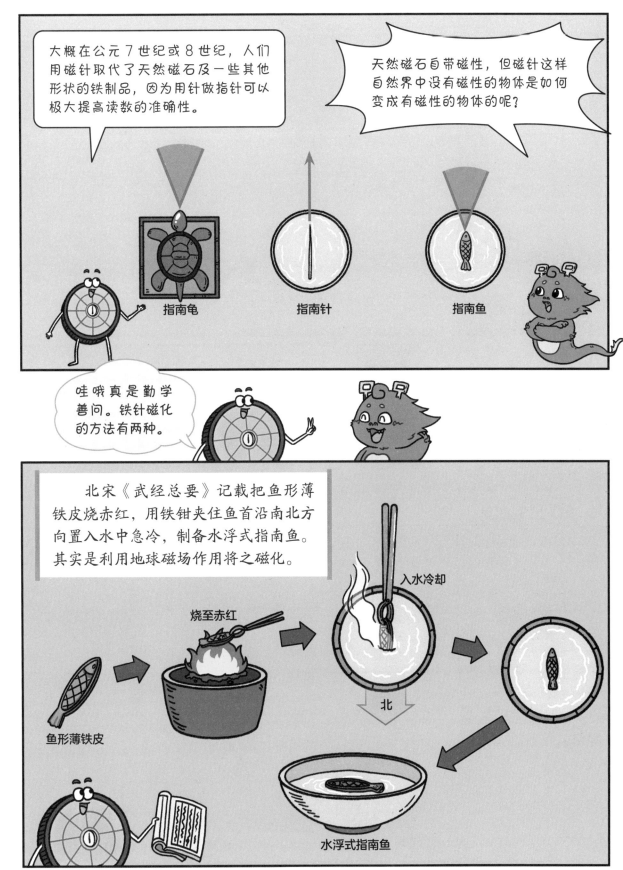

大概在公元 7 世纪或 8 世纪，人们用磁针取代了天然磁石及一些其他形状的铁制品，因为用针做指针可以极大提高读数的准确性。

天然磁石自带磁性，但磁针这样自然界中没有磁性的物体是如何变成有磁性的物体的呢？

指南龟

指南针

指南鱼

哇哦真是勤学善问。铁针磁化的方法有两种。

北宋《武经总要》记载把鱼形薄铁皮烧赤红，用铁钳夹住鱼首沿南北方向置入水中急冷，制备水浮式指南鱼。其实是利用地球磁场作用将之磁化。

烧至赤红

入水冷却

北

鱼形薄铁皮

水浮式指南鱼

用现代知识看，把鱼形薄铁皮烧赤红是为了让薄铁片内部的分子动能增加，从而使分子磁畴从原先的固定状态变为运动状态。

分子变成运动状态

然后将之沿地球磁场方向放置，通过地球磁场迫使运动着的分子磁畴顺着地球磁场方向重新排列，这样薄铁片就被磁化了。

分子变成固定状态

还真是鱼形的指南针！那第二种方法呢？

沈括在《梦溪笔谈》中讲到堪舆师用磁石磨铁针制备指南针，提到水浮、悬吊、指甲、碗唇等四种安置方法。

沈括

水浮　　悬吊　　指甲　　碗唇

从现代观点来看，这种方法是以天然磁石的磁场作用，使铁针内部的单元小磁体"磁畴"由杂乱变为规则排列，从而使铁针显示出磁性。

古人真是非常聪明啊！

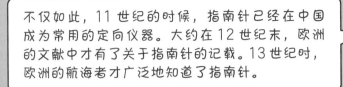

不仅如此，11 世纪的时候，指南针已经在中国成为常用的定向仪器。大约在 12 世纪末，欧洲的文献中才有了关于指南针的记载。13 世纪时，欧洲的航海者才广泛地知道了指南针。

11 世纪　　　　　12 世纪　　　　　13 世纪

据史书记载，北宋年间，中国使团出使高丽时已经使用了航海罗盘。

罗盘上除了这个磁针固定以外，那个大圆盘是做什么用的呢？

哇哦，你观察得很仔细啊。

圆盘是方位盘，依十二地支（子、丑、寅、卯、辰、巳、午、未、申、酉、戌、亥）将整个圆周分为十二等份。

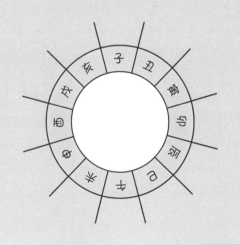

在十二地支之间再等而分之，填以天干八字（甲、乙、丙、丁、庚、辛、壬、癸）与八卦四字（乾、艮、巽、坤），构成每字相差 15° 的二十四方位罗盘图。

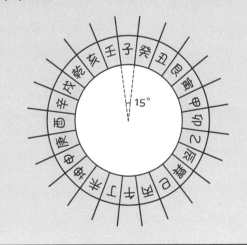

看上去有点儿复杂。

这还不是最复杂的。

如再以每两字间夹缝为一方位，则可构成每向差7°30′的四十八方位罗盘图。

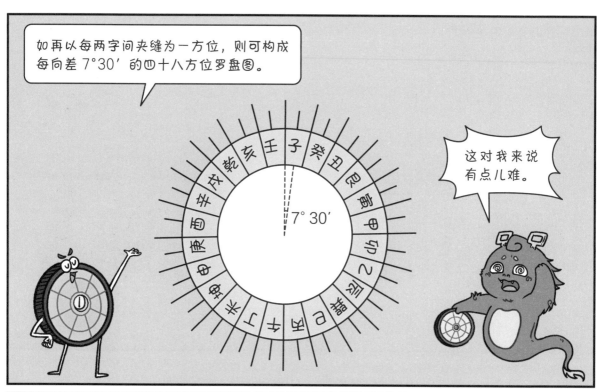

这对我来说有点儿难。

的确有点儿难度，不过你可以记住它们都是用来确定方向的。

能给我讲讲如何使用这个罗盘确定方向吗？

那我们还是回到二十四方位罗盘图。在使用时，"子"表示北，"卯"表示东，"午"表示南，"酉"表示西，东西南北定了下来，那么其他方向就可以据此推测出来了。

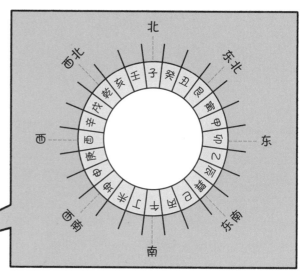

南宋之后，已经有人将指南针与罗盘结合起来，制作了专门用于航行的"针盘"。这种罗盘有铜制的，也有木制的，盘的周围刻着东南西北四个方位的标志。

木制

铜制

使用时，只要将指南针所指的方向与罗盘所刻方位对准，就能轻易识别出航行的方向了。

南

北

能够确定方向，是不是就可以将它们用到很多地方了？

有了指南针和罗盘结合的"针盘"，人们在航海时便能方便地记录航线，从而摸索出一条条航路。

比如，元明时期就有很多记载海外航路的书籍，因为这些航路主要依靠"针盘"所得，所以当时人们也将之称为"针路"。

指南针是不是随着我国的航海事业传播到国外的？

是的，宋元时期，我国的航海事业十分发达。

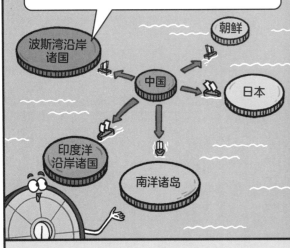

中国的商船不但往来于中国沿海商埠与朝鲜、日本及南洋诸岛之间，而且远航到印度洋和波斯湾沿岸诸国。

波斯湾沿岸诸国

朝鲜

中国

日本

印度洋沿岸诸国

南洋诸岛

中国发明的指南针也随着中国航海家的足迹传播出去，成为各国航海家使用的导航仪器。

　　一般认为，指南针是由阿拉伯人从中国传到欧洲的。指南针的出现使欧洲的航海事业有了巨大突破，不仅开辟了许多新的航路，还发现了美洲大陆，甚至完成了环绕地球的航行。

有了罗盘，人类不仅可以在陆地活动，还可以在海上畅行。

是的，指南针与罗盘的结合，扩展了人们的活动范围，从而极大地推动了人类社会的发展。它缩短了航程，加速了航运，促进了各国之间的文化交流与贸易往来。

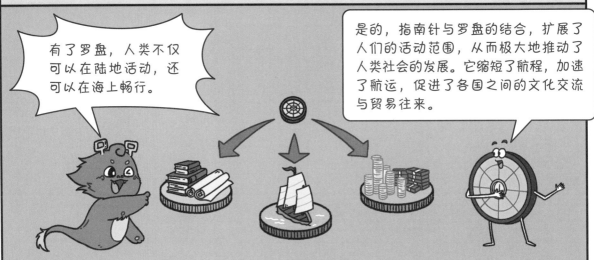

　　罗盘（compass）的名字是意大利人大约在 1250 年最先开始使用的。compass 一词来自意大利语 compassare，意思是"大步到处走"，用来比喻"测量或向导"。

英国科学史家贝尔纳曾说过，罗盘的使用"第一次开放了大洋，供人探险、战争和贸易，引起了巨大而迅速的经济和政治的效果"。

动手实验 自制罗盘

我想去丛林探险。

那你一定得带上我辨别方向啊。

可是你有点儿大啊，怎样才能方便地携带呢？

我来教你一个快速自制指南针的方法吧。

实验材料 一块小泡沫，一块磁铁，一根钢针或大头针，一碗水。

实 验 步 骤

第1步

让钢针或大头针磁化，也就是拿着磁铁的一个磁极不断地摩擦钢针或大头针，按照一个方向，摩擦大概30下。

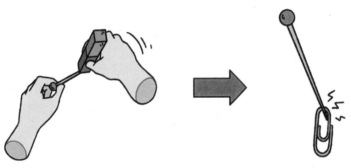

第2步 把钢针或大头针插进小泡沫。

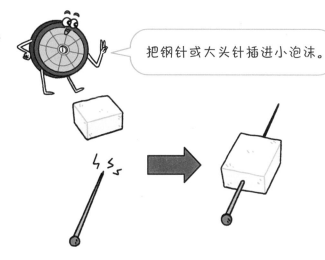

第3步 把这个装置放进装水的碗里。等待一下，你会发现它的一端指向南。可以拿出手机指南针核对一下，即可知道哪一端是南。多次旋转后，它依然会回到指南的位置。

做这个装置不难，我也会了。

南

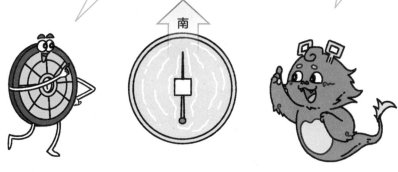

原理揭秘

　　基于地球是个大磁场的原理，用磁铁将钢针或大头针磁化，磁化后的钢针或大头针就是一根具有磁性的小磁针，静止的小磁针一端指向南，一端指向北。

5 长风破浪会有时，直挂云帆济沧海 ——水密隔舱

要是我的船底漏水了，大家可不用担心哟，因为我拥有一项独门绝技——水密隔舱。

哇哦！

哇哦！

洪湖水呀浪呀嘛浪打浪啊～洪湖岸边是呀嘛是家乡啊～清早船儿去呀去撒网～晚上回来鱼满舱啊～

哇哦！

哇哦！
哇哦！

你是何许人也？

我是明代福船！

砰！

福船？是幸福之船的意思吗？

此"福"非彼"福"也，我的"福"来源于福建的"福"，因为我是在福建沿海建造的。

福建

不光是福建，在浙江一带沿海的尖底海船也都跟我一个名字，叫作福船。

福船

福船与沙船、广船、鸟船并称为中国古代四大名船。福船因在福建沿海建造而得名，是福建、浙江一带沿海尖底海船的通称。明代福船是当时世界上最大、最先进的船舶之一，是中国造船史上的辉煌和骄傲。

中国古代四大名船

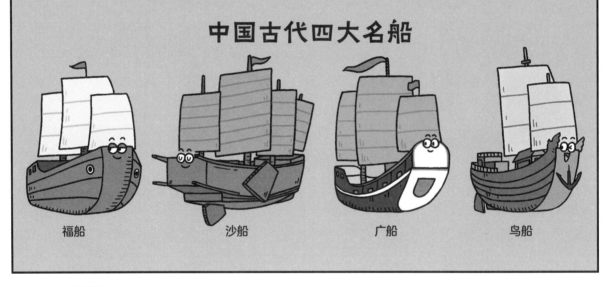

福船　　　　　沙船　　　　　广船　　　　　鸟船

我刚刚可是被你所说的独门绝技吸引过来的，水密隔舱到底是什么意思呢？

所谓水密隔舱，指的是一门造船技艺！

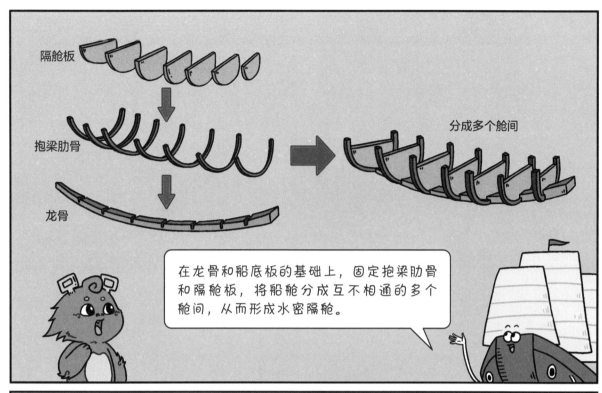

隔舱板

抱梁肋骨

龙骨

分成多个舱间

在龙骨和船底板的基础上，固定抱梁肋骨和隔舱板，将船舱分成互不相通的多个舱间，从而形成水密隔舱。

这让我想起明代陆深《张家湾棹歌四首》（其一）有云："当年海运数朱张，湾泊帆樯正渺茫。帮着擢船愁水涩，隔舱相唤剥南粮。"这首诗里就有隔舱二字呢！

你的诗词功底可真深厚啊！跟你学习了不少诗词知识！

砰！

来，作为答谢，我带你去海上航行一番。

"水密隔舱"这四个字的提出时间不长，在以前的文献记载中出现过"水密舱壁""水密分舱""防水舱壁"，也出现过"水密""隔舱"分开使用的情况。

"长风破浪会有时，直挂云帆济沧海。"

乌云遮日⋯⋯⋯

呼——

呼——

哗——

不好！遇到暗礁了，我听到了咣当一声，很可能船底破了一个洞。

咣当！

刚才的航行真是有惊无险。看来，水密隔舱能够有效提高船舶航海的安全性。除此之外，它还有什么作用呢？

水密隔舱平时主要用来装载货物。不仅能够提高货运效率，还便于船员对货物进行装卸和管理。

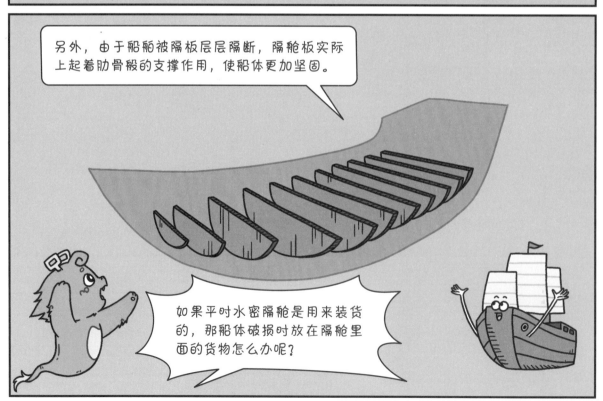

另外，由于船舶被隔板层层隔断，隔舱板实际上起着肋骨般的支撑作用，使船体更加坚固。

如果平时水密隔舱是用来装货的，那船体破损时放在隔舱里面的货物怎么办呢？

这时可以把破损船舱的货物搬运到其他船舱，隔离开干湿货物，减少损失。

如果破损较小，就及时修补；破损大的话，船可以继续航行到就近的港口或陆地，进行补修。

看来水密隔舱的用处可真不小啊！一艘船一般有多少个隔舱呢？

8个

16个

13个

古代海上帆船不同，大小类型各异，舱数也不一样，多的有16个，少的也有七八个。比我稍早一点儿的宋元海船，多见的制式是13个隔舱。

我明白了，可是那些没有水密隔舱的船如果突然破损会怎么样呢？

要展开一下你丰富的想象力哦！

没有水密隔舱的船，如果船底在航行的过程中意外撞破，水会从破洞处涌进船舱。这个时候，如果破洞小还能奋力修补。

如果破洞太大封堵失败的话，就没有办法抵抗海水的巨大压力，海水漫流全船，货物和船只如果得不到救援就会全都没入大海。

啪！

就像气球被扎破一样。

光想一想就觉得没有水密隔舱的船好危险啊！等一下，"隔舱"的原理我好像明白了，"水密"又是什么含义呢？

你真是个爱问问题的小家伙呢！

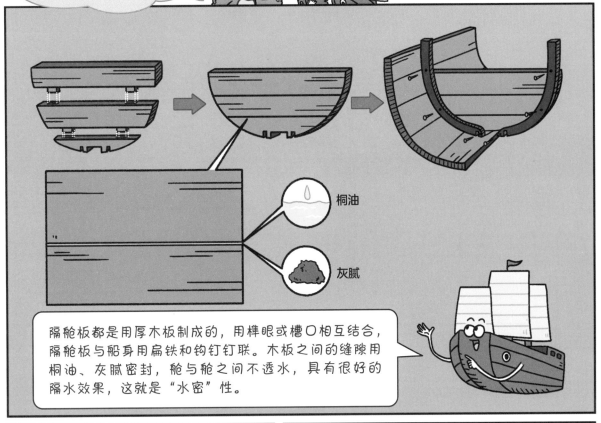

桐油

灰腻

隔舱板都是用厚木板制成的，用榫眼或槽口相互结合，隔舱板与船身用扁铁和钩钉钉联。木板之间的缝隙用桐油、灰腻密封，舱与舱之间不透水，具有很好的隔水效果，这就是"水密"性。

古人可真是富有智慧，他们到底是如何发明水密隔舱技术的呢？

这可真难住我了呢。

虽然我找不到第一个发明水密隔舱技术的人，但是有一种说法认为，发明水密隔舱的灵感来自竹子的节膜，是不是很形象呢？

看来大自然中藏着好多奥秘啊。

是啊，要有善于发现的眼睛。

美国科技史学者在他的《中国：发明与发现的国度——中国科学技术史精华》一书中写道："建造船底舱壁的想法是很自然的。中国人是从观察竹竿的结构获得这个灵感的：竹竿节的隔膜把竹子分隔成好多节空竹筒。由于欧洲没有竹子，因此欧洲人没有这方面的灵感"。

不过话说回来，号称"永不沉没"的"泰坦尼克"号好像也使用了水密隔舱技术，它为何沉没了呢？

你可真是学贯中西啊。没错，1912年，世界上最大、最豪华的邮轮"泰坦尼克"号的设计亮点之一是全船有15道横贯船体的水密隔舱壁。

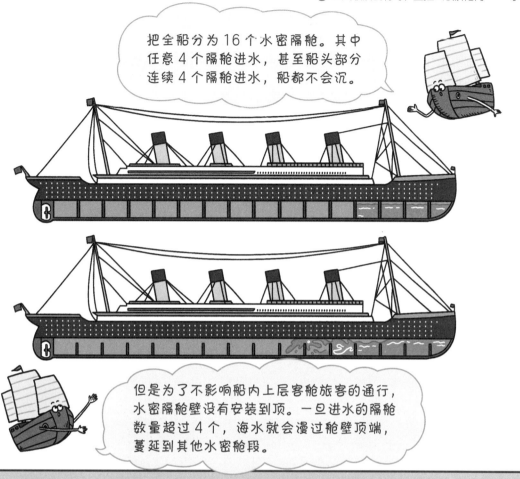

把全船分为 16 个水密隔舱。其中任意 4 个隔舱进水，甚至船头部分连续 4 个隔舱进水，船都不会沉。

但是为了不影响船内上层客舱旅客的通行，水密隔舱壁没有安装到顶。一旦进水的隔舱数量超过 4 个，海水就会漫过舱壁顶端，蔓延到其他水密舱段。

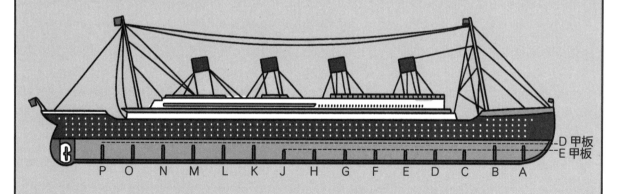

"泰坦尼克"号船首部位的 A 隔舱、B 隔舱及船尾部位的 K、L、M、N、O、P 隔舱，水密区划都是只到 D 甲板为止。船身中部的 C、D、E、F、G、H、J 隔舱甚至只延伸到更低一层的 E 甲板。

这样，一旦进水的隔舱数量超过 4 个，海水就会漫过舱壁顶端，蔓延到其他水密舱段。而且在船身左侧有一道相当于全船 2/3 长度的通道——"苏格兰路"，用于船员内部通行，没有水密门分隔。在"泰坦尼克"号沉没事件中，这条通道加快了其他舱室进水的速度。

我再次对你的名字产生了好奇，你叫作明代福船，来源于明代，那水密隔舱也是来源于明代吗？岂不是有点儿太晚了？

那可不是哦！我虽然来自明代，但是水密隔舱却有着悠久的历史，自晋代，历经唐、宋、元、明、清，传承至今。

晋　唐　宋　元　明　清　　　　现今

那今天的人们是怎么发现水密隔舱的历史的呢？

考古发现表明至迟在中国江河木帆船出现时，就出现了水密隔舱船体结构。中国古代文献记载，早在东晋时期水密隔舱已经应用于海船。

目前见到的最早记载是晋人撰《义熙起居注》："卢循新作八槽舰九枚，起四层，高十余丈。"卢循是东晋人，参加过反晋的孙恩起义。孙恩战败死后，余部由卢循领导，鼎盛时期有义军十余万人。

卢循一生的军事活动都和战船有密切关系。"八槽舰"指的是他建造出的船有八个水密隔舱。"八槽舰"的出现表明当时水密隔舱技术已运用于海上战船。

1960 年，江苏出土了一艘唐代木船，是出土的古船中，第一次出现水密隔舱建造技术的。

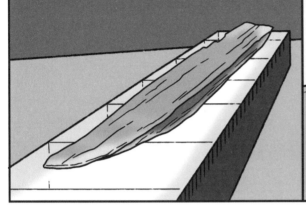

1974 年，泉州湾后渚港出土的一艘宋朝远洋货船残体，已具有非常成熟的水密隔舱结构。

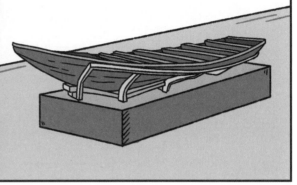

历史如此悠久，一定有过不少辉煌的功绩吧，快跟我说说呗！

那我可要说说我们福船的厉害之处了。

当年，郑和率 200 多只海船，七渡重洋，足迹遍布西太平洋和印度洋。据考证，其中 63 艘被称为"郑和宝船"的海船就是福船。

郑和

"封侯非我意，但愿海波平"的戚继光，扫清东南沿海的倭患；民族英雄郑成功，渡海东征，收复宝岛台湾，他们使用的主要船型也是我们福船。

郑成功

戚继光

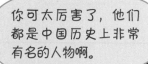

你可太厉害了，他们都是中国历史上非常有名的人物啊。

不仅如此，我还走出国门，让外国人也来学习和点赞呢。

18世纪末，欧洲人开始效仿我们的水密隔舱技术。

1787年，避雷针的发明者富兰克林指出，应该在美国和法国的邮船中采用中国的分舱方法。

富兰克林

1795年，英国海军总工程师本瑟姆爵士设计并改造了6艘具有水密隔舱结构的航海轮船。

本瑟姆

其实，中国船舶采用的水密隔舱技术，很早就受到来自国外的赞赏。意大利旅行家马可·波罗在其游记中描述了他见到的13世纪中国大船的水密隔舱：

马可·波罗

"此外有若干最大船舶有内舱至十三所，互以厚板隔之，其用在防海险，如船身触礁或触饿鲸而海水透入之事，其事常见，盖夜行破浪之时，附近之鲸，见水起白沫，以为有食可取，奋起触船，常将船身某处破裂也。至是水由破处浸入，流入船舱，水手发现船身破处，立将浸水舱中之货物徙于邻舱，盖诸舱之壁嵌隔甚坚，水不能透，然后修理破处，复将徙出货物运回舱中。"

2008 年，水密隔舱技艺入选《国家级非物质文化遗产名录》；2010 年，被联合国教科文组织认定为"急需保护的非物质文化遗产"。

动手实验 水密隔舱的奥秘

好想体验一下水密隔舱的奥秘啊，可是福船实在太大了，我也不会建造啊。

没关系，我们可以用简单、容易获取的材料把原理重现一下。

实验材料 | 2个矿泉水瓶、一次性塑料餐盒裁剪后形成的塑料板、502胶水、剪刀、锥子等。

实 验 步 骤

第1步

我来帮你把水全部喝光，就用矿泉水瓶来模拟你的船身吧。

我们先把塑料瓶剪成两半，一半直接当作没有水密隔舱的船只，另一半用塑料板当隔板，用2块隔板制造出3个隔舱。

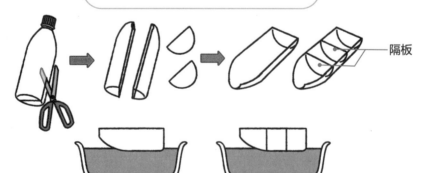

隔板

无水密隔舱的船　　　有水密隔舱的船

它们都能漂浮在水面呢。

第2步 在两个船模底部各打1个一模一样的孔，再放入水中，模拟船碰到暗礁时的情景。测试沉船时间。

第1次打孔 测试沉船时间

第3步 接下来，可以在船模底部再各打1个一模一样的孔。最后，可以在两个船模底部打第3个孔，测试沉船时间。

第2次打孔 测试沉船时间

 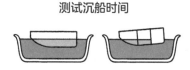

第3次打孔 测试沉船时间

具体的时间比较如何，就由动手实验的小朋友们来告诉我吧。

原理揭秘

　　水密隔舱是用隔舱板把船舱分隔成彼此独立且互不透水的一个个舱区。在船的航行中，因为舱与舱之间被严密分开了，所以假如有一两个舱室破损进水，其他舱室也不会受影响，这就增加了航行的安全性。

图书在版编目（CIP）数据

建筑与工程 / 李英杰，牛猫小分队著、绘. -- 大连：大连理工大学出版社，2024. 10. --（哇哦！中国古代科技了不起 / 白欣主编）. -- ISBN 978-7-5685-5169-4

I. TU-49

中国国家版本馆 CIP 数据核字第 20246YL319 号

建筑与工程 JIANZHU YU GONGCHENG

出版人 苏克治　　策划编辑 苏克治 遆东敏
责任编辑 陈 玫 邵 青　　责任校对 董歅菲
责任印刷 王 辉　　封面设计 丫丫书装 张亚群
美术指导 苏岚岚　　漫画主创 苏岚岚 赏 鉴 吕箐莹 虞天成
版式设计 牛猫小分队　　漫画助理 冯逸芸 杨盼盼
设计执行 郭童羽

出版发行 大连理工大学出版社
地　址 大连市软件园路 80 号　　邮政编码 116023
邮　箱 dutp@dutp.cn　　电　话 0411-84708842（发行）
网　址 http://dutp.dlut.edu.cn　　0411-84708943（邮购）

印　刷 大连天骄彩色印刷有限公司
幅面尺寸 185mm×260mm　　印　张 6　　字　数 158 千字
版　次 2024 年 10 月第 1 版　　印　次 2024 年 10 月第 1 次印刷
书　号 ISBN 978-7-5685-5169-4　　定　价 66.00 元